I0060795

Y a-t-il eu des hommes sur la terre avant la
dernière époque géologique ?

Emile Littré

Y a-t-il eu des hommes sur la terre avant la dernière époque géologique ?

Editions le Mono

Émile Littré est un philosophe et homme politique français principalement connu pour son Dictionnaire de la langue française appelé *Le Littré*

Il propose dans cet essai, une étude de l'histoire primitive.

I.

La question ici posée (*Y a-t-il eu des hommes sur la terre avant la dernière époque géologique ?*) a été déjà abordée bien des fois, et chaque fois il y a été répondu par la négative. Pour soutenir que les hommes ne sont contemporains d'aucune des époques géologiques qui ont précédé l'époque actuelle, qu'ils n'ont jamais foulé que le sol que nous foulons aujourd'hui, qu'aucun des étages jadis frappés des rayons de notre soleil et maintenant enfouis dans les profondeurs ne les a portés, et qu'ils n'ont jamais eu à combattre et à vivre qu'avec les animaux qui peuplent nos campagnes, nos eaux et notre atmosphère, on s'est appuyé aussi bien sur les faits que sur la théorie. Il est en effet certain que des ossements humains n'ont pas été trouvés dans les couches inférieures de l'écorce terrestre, ou du moins les trouvailles de ce genre ont été fort rares, et d'ordinaire incertaines et contestées. Tandis que les fouilles, sur des points très divers du globe, mettaient à nu les débris de toute espèce de plantes et d'animaux, elles ne produisaient aucun reste que l'on pût attribuer à la race humaine ; fertiles en cela, elles demeuraient stériles en ceci. On sait que Montmartre, par exemple, est un véritable ossuaire qui contient toute sorte d'animaux effacés du livre de vie. Jamais jusqu'à présent ne s'est rencontré pareil ossuaire pour notre espèce. De son côté, la théorie n'a eu aucune réclamation à faire contre ce résultat de l'expérience : l'étude a montré une hiérarchie entre les étages géologiques et les populations qui les occupent, c'est-à-dire que, dans les populations les plus profondes et par conséquent les plus anciennes, la partie supérieure de l'échelle de la vie y est bien moins développée, et que ce développement ne s'accroît et ne se complète qu'à mesure qu'on approche de l'état actuel. Dès lors il n'a pas semblé étonnant que l'homme, qui est le couronnement de la série biologique, ne parût pas dans les époques antérieures et parmi les existences préliminaires.

Toutefois, malgré cet accord apparent des faits et de la théorie, il s'est élevé de temps en temps des doutes contre la certitude de la décision qui excluait l'homme de toute existence géologique. Non pas que la théorie ait été le moins du monde ébranlée ; elle reste ce qu'elle était auparavant. Un ordre hiérarchique préside à l'évolution de la vie, et la race humaine appartient à ce qu'il y a de plus récent, parce qu'elle appartient à ce qu'il y a de plus élevé en organisation ; mais quelques faits qui se reproduisent avec obstination, et qui, sans être pleinement acceptés encore, obligent la science à se retourner pour en tenir compte, tendent à modifier ce que la décision première a de trop absolu. S'ils sont bien observés, si les conséquences qu'ils comportent sont tirées exactement, on admettra que l'homme est plus ancien sur la terre qu'on ne l'a cru, et que, sans descendre jusque dans ces formations où une faune si dissemblable de la nôtre occupait le terrain, il a vécu avec les mastodontes, avec les éléphants qui habitaient l'Europe, avec le cerf gigantesque dont on exhume les ossements, avec l'ours, hôte des cavernes antédiluviennes. Son origine se trouverait de la sorte reculée d'un âge tout entier, et un anneau de plus serait à insérer dans la série de la vie comme dans celle de l'histoire.

Les légendes des anciens hommes avaient placé, dans les espaces indéfinis qui dépassaient leur mémoire et leur tradition, les dieux et les demi-dieux, les géants et les titans, les héros nés dans de meilleures années, les patriarches à vie démesurément longue, les monstres qui dévastaient la terre, les Léviathans, les chimères, les gorgones. C'est ainsi que l'imagination s'était complu à peupler ces régions du temps, prenant à ce qui faisait les croyances dans le présent de quoi remplir un passé ténébreux. Lorsqu'en fouillant la terre on rencontrait quelqu'une de ces reliques qui maintenant disent tant de choses, on ne s'arrêtait point à un fragment qu'on croyait semblable à tous les autres ; ou, si par hasard le squelette bien conservé présentait des ossements gigantesques, on le rattachait sans difficulté à quelqu'un des géants qui avaient dominé sur la terre. Comment en effet la curiosité se serait-elle éveillée? Qu'est-ce qu'un os qu'on remue en remuant le sol? Tous les jours une multitude des habitants de notre planète, hommes, mammifères, oiseaux, poissons, lui rendent leur dépouille; si leurs ossements disséminés de toutes parts se résolvent en terreau, qui empêche que çà et là quelques-uns échappent à la dissolution et viennent de temps en temps rouler sous nos pieds? Sans doute; mais lorsque l'œil fut devenu habile à regarder, ce qui avait semblé uniforme se caractérisa par des différences essentielles, et tout un monde étrange et réel apparut dans la longue perspective des âges primordiaux.

Les gisements aussi, à qui aurait su voir, n'étaient pas moins distincts que la structure. Rien dans l'arrangement n'était fortuit. Chaque espèce d'os affectait un ou plusieurs terrains particuliers; point d'interversion, point d'irrégularité, et, dans une certaine limite, les os caractérisaient les terrains, et les terrains caractérisaient les os. Mais qui pouvait songer à discerner, dans cet amas confus de pierres et de terres, des étages symétriquement disposés?

Comme un architecte habile qui forme en assises les matériaux de l'édifice à construire, la pesanteur, la chaleur, l'action des eaux, en un mot toutes les forces qui président aux particules de la matière ont écarté de leur travail séculaire le hasard, et les couches de la terre se montrent arrangées comme il convient aux puissances qui les régissent. À leur tour, ces couches ainsi déterminées ont eu, au fur et à mesure qu'elles furent éclairées par le soleil, leurs propriétés spéciales pour l'entretien de la vie, et chaque étage, avant de devenir souterrain, a nourri des plantes et des animaux qui n'étaient faits que pour lui.

Il fallait beaucoup savoir pour s'intéresser à ce que la pioche découvrait en creusant la terre. Et d'abord les mathématiques devaient avoir acquis une grande consistance et habitué l'esprit à prendre confiance dans le résultat des spéculations abstraites. Sans les mathématiques, sans leur essor préliminaire, la porte restait inexorablement fermée. Encore que ne paraisse aucun lien entre Cuvier, qui, arrivé à temps et à point, exhuma les générations éteintes, et Archimède ou Euclide, qui méditèrent fructueusement sur les propriétés géométriques des courbes, il n'en est pas moins certain que, si ceux-ci et leurs nombreux et illustres successeurs n'avaient pas trouvé l'enchaînement du vrai dans les nombres et dans les formes, celui-là n'aurait jamais trouvé l'enchaînement du vrai entre les genres disparus et les genres existants.

Le premier résultat de ces recherches tout abstraites et tout éloignées, ce semblait, d'applications si considérables, fut quand les géomètres grecs, appuyés sur la connaissance des propriétés du cercle, n'hésitèrent pas à déclarer, contre tous les témoignages apparents, que la terre était une sphère. L'un d'eux, Ératosthène, essaya même de la mesurer, et il en évalua le pourtour à 250,000 stades, c'est-à-dire à 45 millions de mètres, se trompant ainsi de 5 millions de mètres, mais indiquant la voie par laquelle on arriverait à une détermination. On y arriva en effet à mesure que les méthodes se perfectionnaient. Et en même temps apparurent de nouveaux éléments et de nouvelles conséquences : la terre n'était point une sphère, c'était un ellipsoïde; cet ellipsoïde n'était pas régulier; il était renflé à son équateur et aplati à ses pôles. De même que la géométrie rudimentaire avait tout d'abord assigné, avec toute certitude, une forme globuleuse à la terre, de même la géométrie supérieure, en considérant la véritable figure, déclara que, pour que cette figure eût été prise, il fallait absolument que le globe terrestre eût été liquide à une époque antérieure de son existence. Ce fut désormais une condition capitale à laquelle la théorie de la terre dut satisfaire, et les hypothèses qui ne s'y conformaient pas étaient, par cela seul, écartées sans discussion. Ce n'est pas tout : les astronomes, mettant la terre dans la balance, l'ont trouvée environ six fois plus lourde que l'eau, c'est-à-dire que le globe terrestre pèse environ six fois plus qu'un globe d'eau de même dimension; dès lors il a été entendu qu'aucune idée sur la constitution de notre planète n'était valable, si elle ne supposait que les parties centrales en étaient occupées par des matières très lourdes; aucun espace vide n'y peut être conçu, et la densité est plus grande dans les couches profondes que dans les couches superficielles.

Après les astronomes vinrent les physiciens. Ils déterminèrent la chaleur qui l'animait, tant celle qu'elle tenait de son origine et du foyer intérieur que celle qui lui était envoyée du soleil; les puissances qui font trembler les continents; l'équilibre des mers; les courants électriques qui parcourent la surface, et dont l'intervention lie une mince aiguille aimantée à toute la constitution terrestre; le froid glacial des espaces inter-cosmiques, froid dont nous ne sommes dé fendus que par l'épaisseur de notre atmosphère. Si bien que le globe se montre comme une masse énorme, vivifiée par des forces toujours actives, et réglée dans sa constitution par leur conflit réciproque.

Les chimistes à leur tour se chargèrent de dévoiler les propriétés moléculaires de cet immense agrégat. Toutes ces expériences qui constatent le nombre et les qualités des substances élémentaires, qui dissocient ce qui était composé, qui recombinent ce qui avait été dissocié, qui montrent que les particules matérielles, jamais anéanties, ne font que passer d'un corps à un autre, qui en révèlent les antipathies, les sympathies et la subordination secrète aux nombres et aux proportions; ces expériences délicates et subtiles ne tardèrent pas à franchir les murailles des laboratoires, et elles vinrent contrôler ce qui se passait dans le vaste laboratoire où le feu central, toujours allumé, fond, liquéfie, vaporise sous des pressions infinies et depuis des milliers de milliers d'années.

La biologie, quand elle sortit des langes et eut construit ses doctrines, trouva bientôt l'occasion d'en faire l'application à l'histoire de la terre. Parcourant d'un œil exercé les différents terrains qui sont superposés les uns aux autres, elle y reconnut la trace manifeste de flores et de faunes qui n'étaient ni les flores ni les faunes d'aujourd'hui. Bien plus, en arrivant à une certaine profondeur, on ne rencontrait plus aucun débris organisé; ni plantes, ni bêtes n'avaient vécu dans ces couches-là et à plus forte raison dans celles qui leur étaient inférieures : de sorte qu'il fallut bien convenir que la vie n'était pas contemporaine du globe terrestre; que celui-ci était plus ancien que celle-là, dont il était le support; qu'il était un temps où les forces physiques et chimiques se déployaient seules sur la planète, et où les forces vitales, demeurant à l'état latent, n'avaient pas eu les circonstances nécessaires pour se manifester. Il fallut convenir enfin que les flores et les faunes avaient varié de période en période, et avaient été assujetties à la loi du changement. Et de fait, pendant que la vie accusait les modifications successives que le monde primitif avait subies, toutes les autres sciences s'accordaient pour attester que ce monde primitif avait varié et présenté sans cesse un nouveau théâtre à de nouveaux acteurs.

Ainsi la spéculation du cabinet et du laboratoire, amassant, par transmission héréditaire, des trésors de puissance qui sont à tous les points de vue le pouvoir suprême de l'humanité, la spéculation, dis-je, fournit les éléments d'une théorie de la terre. Il ne lui suffit plus, à cette théorie, d'imaginer des hypothèses plus ou moins ingénieuses; il ne lui suffit pas même d'examiner avec soin le globe terrestre, de le parcourir, de le fouiller et d'en noter les particularités. Pour cesser d'être arbitraire et pour devenir positive, elle dut se soumettre à toutes les conditions élémentaires que les sciences abstraites lui fournissaient. Ce fut le lit de Procuste pour les suppositions aventurées, pour les imaginations téméraires; mais ce fut le cadre heureux où les observations particulières vinrent s'inscrire et d'où sortit la géologie positive.

À peine la géologie positive fut-elle constituée qu'elle refléta une vive lumière sur la biologie; c'est là en effet que la relation entre les milieux et la vie se manifeste de la façon la plus évidente. On avait à la vérité remarqué que toutes les fois qu'on découvrait un continent, comme l'Amérique ou l'Australie, toutes les fois qu'on mettait les pieds dans quelques grandes îles inconnues jusqu'alors, comme Madagascar ou la Nouvelle-Zélande, les espèces vivantes présentaient une apparence spéciale. Chaque découverte de ce genre avait enrichi la botanique et la zoologie, et il était clair que ces continents, ces grands terrains, ces milieux, pour me servir du terme scolastique, imprimaient leur marque sur les organisations qui en formaient la population. Mais que sont de grandes terres ou des continents entiers à coté de la surface même du globe soumise, durant les époques géologiques, à des conditions tout autres que celles qui prévalent aujourd'hui ? Que sont les différences entre nos compartiments, appartenant tous à un même âge, et ces anciens compartiments séparés les uns des autres par d'énormes distances de temps qui équivalent à d'énormes distances dans l'espace ? La géologie est donc, à vrai dire, une immense expérience sur l'influence des milieux, expérience à laquelle n'ont manqué ni la durée des périodes, ni la variété des changements.

Quel a été l'effet de cette expérience sur l'homme ? Si l'homme a vécu dans la couche immédiatement antérieure à la couche actuelle, il a été soumis à d'autres conditions que celles qui ont prévalu dans l'époque actuelle. Le type humain d'alors a-t-il ses analogies parmi quelqu'une des races qui habitent aujourd'hui la terre ? Se rapproche-t-il des plus élevées ou de celles qui sont inférieures ? L'homme fossile paraît-il avoir possédé des arts et des instruments qui indiqueraient une intelligence étendue, un développement supérieur et un être tout d'abord en possession des hautes pensées de l'humanité ? Tandis que les productions vivantes ont cheminé suivant une incontestable évolution, si bien que les mammifères, les singes, enfin l'homme, ne viennent au jour que dans les âges postérieurs, au contraire l'histoire humaine a-t-elle suivi une marche inverse, si bien que les âges antérieurs auraient vu une humanité plus puissante, plus belle, plus intelligente ? Ou bien, inversement, est-il vrai que ces races géologiques, appartenant à un milieu plus uniforme et moins développé, naissant au milieu d'animaux reculés, eux aussi, dans les lointaines époques, n'offrent qu'en ébauche et en rudiment ce qui devait être le propre de l'espèce humaine, à savoir l'industrie, les arts, la science et leur développement continu ? Ces questions qui se font trouveraient peut-être quelques réponses, si l'on réunissait un nombre assez considérables de débris d'une humanité fossile.

II.

On sait que Cuvier, pour les mêmes raisons de fait et de théorie qu'au sujet de l'homme, avait supposé que les singes étaient étrangers aux terrains profonds, et qu'ils avaient apparu seulement avec la période où la race humaine a elle-même apparu ; mais de nouvelles découvertes, démontrant l'existence de singes fossiles, ont réfuté cette opinion de Cuvier. Ces singes ont existé non-seulement en Asie et en Amérique, comme les singes actuels, mais aussi dans le nord de l'Europe, par exemple en Angleterre, jusque sous le 52e degré, ce qui prouve, comme bien d'autres faits, que jadis la température de l'Europe a été plus élevée qu'elle n'est maintenant. Il est vrai de dire que les débris fossiles de cet animal sont rares, surtout en Europe, et qu'il n'a pas dû être abondant, ou que, s'il l'a été, on n'a pas encore rencontré les gisements qui ont conservé ses os.

La trouvaille de singes fossiles a naturellement rendu la trouvaille d'hommes fossiles moins improbable, mais moins improbable seulement. Depuis qu'il est établi que l'ordre des quadrumanes, le plus voisin de l'homme, est représenté parmi d'antiques créations, on est plus autorisé qu'auparavant à chercher si l'ordre des bimanes n'y aurait pas aussi ses représentants. De quelque façon que l'on considère l'ensemble de la zoologie actuelle et passée, on ne peut nier que certaines formes organisées sont en rapport entre elles, et que certains anneaux de la chaîne se tiennent, ou du moins sont peu écartés l'un de l'autre. Il n'est point de paléontologiste qui, dans l'état des connaissances, ne fût grandement surpris si les mêmes terrains lui offraient, à côté des formes étranges des sauriens de l'ancien monde, les créations de l'époque quaternaire, qui sont marquées d'un sceau tout différent. Et semblablement un même sceau, empreint sur les gigantesques proboscidiens qui ont cessé d'exister, sur le mastodonte, le mammouth ou éléphant fossile, annonce la prochaine apparition de nos espèces actuelles. De la même façon on peut croire que, le singe ayant apparu, l'homme ne devait pas être aussi loin que les recherches présentes le plaçaient.

Mais dans une matière aussi nouvelle et, il faut le dire, aussi étrange à l'esprit que celle des âges, des mondes et des existences géologiques, les raisonnements valent peu, et le moindre fragment authentique a plus de poids que des analogies qui, au milieu de tout ce qui est encore ignoré, laissent une trop grande place au doute et à l'incertitude.

On trouve, en bien des lieux, des cavernes qui contiennent des quantités, quelquefois très considérables, d'ossements d'animaux. M. Lund, infatigable chercheur de débris paléontologiques, après avoir examiné plus de huit cents de ces cavernes en Amérique, n'a trouvé d'ossements humains que dans six d'entre elles, et il n'y en a qu'une seule où il ait remarqué, à côté de restes humains, des os d'animaux d'espèces soit éteintes, soit encore existantes. Ce fait, bien qu'unique, le porte à admettre que l'homme remonte au-delà des temps historiques, et que la race qui vivait dans le pays à l'époque la plus reculée était, quant à son type général, la même que celle qui l'habitait encore au temps de la découverte par les Européens. Cette race était remarquable par la conformation du front, semblable à celle des figures sculptées qu'on retrouve dans les anciens monuments du Mexique. Les os humains étaient absolument dans le même état que ceux des animaux, soit d'espèces perdues, soit d'espèces existantes, au milieu desquels ils se trouvaient, entre autres des os de cheval identique avec l'espèce actuelle, qui était inconnue aux habitants lors de la conquête. Le cheval en effet ne vivait pas en Amérique au moment où les Espagnols y débarquèrent ; mais il y avait vécu. On peut donc penser, si les observations de M. Lund sont exactes, que, tandis que l'espèce cheval disparaissait de l'Amérique et n'y était point remplacée, l'espèce homme, celle du moins qui l'occupait alors, échappait aux causes de destruction, et passait d'un âge géologique à un autre, d'un monde antérieur au monde actuel. Au reste, des paléontologistes sont disposés à admettre quelque chose de semblable pour le chien. Les races de nos chiens domestiques n'ont leur souche dans aucune espèce sauvage actuellement existante. Il est impossible de les attribuer au renard ; mais on a discuté sur la question de savoir si elles ne proviendraient pas du loup ou du chacal. Or il a existé, à l'époque diluvienne, une ou plusieurs espèces sauvages plus voisines du chien domestique que ne le sont le loup, le chacal et le renard. Aussi M. Pictet se demande si cette espèce sauvage n'aurait pas survécu aux inondations qui ont terminé la période diluvienne en submergeant la plus grande partie de l'Europe, si les premiers hommes qui ont habité notre continent n'ont pas cherché à utiliser cette espèce, qui avait probablement un caractère plus sociable et plus doux que le loup, et si cette même douceur de mœurs ne peut pas être considérée comme une explication de son entière extinction actuelle hors de l'état de domesticité.

Ce n'est pas seulement en Amérique que des ossements humains ont été exhumés ; les têtes que l'on a découvertes dans diverses localités de l'Allemagne n'ont rien de commun avec celles des habitants actuels de cette contrée. La conformation en est remarquable en ce qu'elle offre un aplatissement considérable du front, semblable à celui qui existe chez tous les sauvages qui ont adopté la coutume de comprimer cette partie de la tête. Ainsi certains crânes, ceux, par exemple, qu'on a trouvés dans les environs de Baden, en Autriche, ont offert de grandes analogies avec les crânes des races africaines ou nègres, tandis que ceux des bords du Rhin et du Danube ont présenté d'assez grandes ressemblances avec les crânes des caraïbes ou avec ceux des anciens habitants du Chili et du Pérou. Il est vrai d'ajouter que ces déterminations ont, jusqu'à présent, suscité des objections sur lesquelles les paléontologistes ne veulent point passer : les débris humains sont rares ; les gisements en sont incertains ; bien des circonstances accidentelles ont pu déplacer ces os et créer des causes d'erreur là où même le terrain qui les recélait a paru anté-historique. Ces objections obligent à suspendre le jugement, mais n'obligent pas, comme on faisait naguère, à rejeter péremptoirement toute idée d'une humanité antérieure à l'humanité présente, d'autant plus que les caractères de ces crânes sont bien dignes de remarque : ne pas ressembler aux têtes des Européens d'aujourd'hui est un fait qui ne se laisse pas écarter facilement. Sans doute, ces hommes, quels qu'ils aient été, ont pu précéder l'entrée des Celtes en Europe et appartenir néanmoins à la période historique, puis avoir disparu sans laisser ni souvenirs ni traces. Soit, mais les formes qu'ils présentent ne sont pas isolées ; elles ont des analogies avec les crânes nègres ou caraïbes. C'est un témoignage qu'à l'époque où ces hommes ont vécu, les formes dont il s'agit occupaient non-seulement l'Afrique ou l'Amérique, mais aussi l'Europe ; elles se répandaient sur une bien plus grande étendue qu'elles ne font maintenant. Or cette occupation de grandes étendues par des organisations très voisines les unes des autres et très peu variées est un signe paléontologique, et ici il vient en aide pour suppléer, jusqu'à un certain point, à ce qui peut manquer en précision aux autres déterminations des débris humains.

Des incertitudes de même nature s'attachent à la trouvaille de M. Spring, professeur à la faculté de médecine de Liège. Une grotte à ossements, située dans la montagne de Chauvaux, province de Namur, à trente ou quarante mètres au-dessus du lit de la Meuse, recélait de nombreux débris humains annonçant une race différente de la nôtre. Voici la description que donne M. Spring d'un de ces crânes : ce crâne était très petit d'une manière absolue et relativement au développement de la mâchoire ; le front était fuyant, les temporaux aplatis, les narines larges, les arcades alvéolaires très prononcées, les dents dirigées obliquement ; l'angle facial ne pouvait guère excéder soixante-dix centimètres. À en juger d'après le volume des fémurs et des tibias, la taille de cette race a dû être très petite. Un calcul approximatif donne cinq pieds au plus, ce qui serait la taille des Groënlandais et des Lapons. Dans cette caverne étaient aussi beaucoup d'ossements d'animaux : cerfs, élans, aurochs, lièvres, oiseaux. Ces os, pêle-mêle avec les débris humains, empâtés de matières calcaires, formaient une brèche osseuse, dont un seul morceau, de la grosseur d'un pavé ordinaire, contenait cinq mâchoires humaines. Dans un autre fragment était un os pariétal enchâssé dans la stalagmite, et où l'on voyait une fracture opérée par un instrument contondant. Cet instrument se trouvait dans le même fragment de brèche : c'était une hache d'un travail grossier, sans trou pour y adapter un manche. Au sujet de ces hommes, qui ont peut-être fait dans cette caverne un repas de cannibales, comme le croit M. Spring, on a objecté, pour dire qu'ils n'étaient pas fossiles, qu'on avait trouvé à côté d'eux des cendres et du charbon ; mais pourquoi les hommes antédiluviens n'auraient-ils pas connu le feu ? et où est l'empêchement de supposer que dès lors on était en possession de cette découverte ? On a argué encore, ce qui est plus grave, que les ossements reposaient non sur l'étage inférieur, mais sur l'étage supérieur du sol de la grotte. Quoi qu'il en soit de l'âge de ces peuplades qui ont jadis occupé la Belgique, il remonte certainement à une bien lointaine antiquité. Qui ne comprend, à la vue de l'exhumation de ces vieux témoins, combien sont étroites les bases que l'école donne à l'histoire ? Qui n'aperçoit que toutes les origines et toutes les durées ont besoin d'être remaniées à l'aide des inductions que fournissent les faits constatés, et qu'il y a un âge et des populations à introduire dans l'étude, soit à l'aurore de l'époque actuelle, soit aussi, comme je le pense, à l'époque qui l'a précédée ?

En effet, la thèse, encore que les observations ci-dessus rapportées et d'autres qui concourent la laissent, si l'on veut, indécise, n'est pas bornée à ces seuls appuis. On a souvent agité la question de savoir si l'on doit reconnaître comme des fossiles les traces et empreintes qui peuvent être restées d'un animal dans les couches de la terre, ou s'il faut pour cela la présence même d'une partie de ses débris. On est généralement d'accord aujourd'hui, dit M. Pictet, pour répondre à cette question dans le sens le plus large, c'est-à-dire pour considérer comme des fossiles toutes les traces qui prouvent évidemment la présence d'une espèce à une certaine époque. L'existence même de l'espèce est le fait essentiel à constater, et tout ce qui la démontre clairement atteint le but. Il importe peu que cette démonstration repose sur un fragment de l'animal ou sur une empreinte qu'il aurait laissée dans des roches avant leur solidification, ou sur toute autre apparence assez évidente pour ne pouvoir être niée.

Ces paroles étaient appliquées aux marques de pas que les animaux ont imprimées, et que les paléontologistes ont suivies comme le chasseur suit la piste du gibier. Elles s'appliqueront aussi sans difficulté aux restes, s'il en est, de l'industrie humaine avant l'époque assignée d'ordinaire aux commencements de l'humanité. Des outils, des instruments, en un mot tout ce qui portera un vestige de la main de l'homme sera suffisant pour attester sa présence. Les animaux ne savent pas se créer, pour améliorer leur condition, des suppléments à leurs membres ; ils ne se servent que de leurs dents, de leur bec, de leurs pattes et de leur queue, tandis que l'homme le plus sauvage qu'on ait trouvé a immanquablement quelque ustensile. Ces ustensiles parleraient clairement. S'il advenait qu'une mutation du genre de celles dont il y a eu déjà beaucoup sur notre globe couvrît d'un terrain nouveau celui qui nous porte et en fît une couche géologique, les hommes de cette palingénésie, en poursuivant leurs travaux, mettraient à nu les débris de nos villes, de nos chaussées, de nos canaux, de nos arts : ils ne douteraient pas un instant de l'existence d'un monde enseveli. Rien de pareil ne se découvre sans doute, mais rien de pareil non plus n'est nécessaire, et il suffit de reliques bien moindres pour attester que des peuplades, non pas des nations, ont occupé le sol avant la dernière révolution du globe.

C'est M. Boucher de Perthes qui le premier a dirigé les recherches de ce côté et tiré les conclusions. Il fut frappé par la vue de quelques cailloux qui lui parurent porter l'empreinte d'un travail humain : il les recueillit ; plus il en chercha, plus il en trouva. Le nombre de ces objets, à mesure qu'il croissait, écarta les hasards de formes et de lieux. M. Boucher en étudia les gisements, et demeura convaincu à la fois et que ces silex avaient été taillés par des hommes, et qu'ils se rencontraient dans des terrains véritablement anciens. Je ne puis mieux faire que de transcrire ce que je trouve en tête de son livre : « M. Boucher de Perthes n'a négligé ni soins ni travaux pour obtenir la preuve qu'il cherchait ; ses explorations, suivies sur une grande échelle, ont duré dix ans. Le nombre de bancs diluviens qu'il a fait ouvrir dans les départements de la Somme, de la Seine et de la Seine-Inférieure est considérable. D'un autre coté, les travaux des ponts et chaussées, ceux du génie militaire, les études du génie civil pour les voies de fer ont facilité ses investigations. Aussi le résultat a-t-il été complet. S'il n'a pas constaté, dans les gisements qu'il a analysés, des ossements humains , il a rencontré l'équivalent, et parmi des débris d'éléphants et de mastodontes, au milieu de ces fossiles, il a découvert des traces humaines, des armes, des ustensiles, le tout en pierre, non pas sur un seul point, mais sur beaucoup ; et l'on peut presque affirmer que, dans tous les terrains où existent des fossiles de grands mammifères, on rencontrera, si on les étudie avec persistance, de ces mêmes ébauches d'une industrie primitive. »

Les assertions de M. Boucher de Perthes, qui contrariaient une opinion reçue, excitèrent, comme cela était naturel et juste, beaucoup de défiance. Pourtant il finit peu à peu par gagner à lui quelques savants. Je citerai entre autres le docteur Rigollot, mort tout récemment membre correspondant de l'Académie des Inscriptions et Belles-Lettres. M. le docteur Rigollot était de ceux qui n'ajoutaient aucune foi aux idées de M. Boucher de Perthes, et qui les avaient combattues lors de leur première apparition. Pourtant, lorsqu'on vint lui dire qu'à Saint-Acheul, près Amiens, dans un terrain qui renfermait des ossements et des dents d'éléphants fossiles, on trouvait aussi des haches ou instruments en silex ; quand il eut reconnu et fait reconnaître la nature géologique du terrain ; quand il eut vu lui-même les silex en question dans leurs gisements, il changea sans hésiter d'opinion, et passa du côté de M.

Boucher de Perthes. Tous ces silex, décrits par M. Rigollot, sont travaillés de la même manière, c'est-à-dire qu'avec une adresse qui souvent étonne, on est parvenu, en en détachant des éclats, non-seulement à les dégrossir, mais à leur donner la forme la plus convenable aux usages pour lesquels ils étaient destinés, armes ou outils. En majeure partie, ils se ressemblent par leur forme générale, qui est le plus ordinairement un ovoïde aplati, dont la partie supérieure ou le gros bout qui est mousse est resté dans son état primitif, et dont les bords et la pointe sont aussi tranchants que le permet une industrie qui n'avait jamais songé à les polir. D'autres ressemblent à un poignard, d'autres encore ont la forme d'une pyramide triangulaire, et les arêtes sont creusées fort irrégulièrement par les éclats du silex. La grandeur moyenne de ces pierres est de 10 à 12 centimètres dans leur plus grand diamètre ; il y en a d'autres où cette dimension n'est que de 8 centimètres, et quelques-unes où elle a 24 centimètres. « L'emplacement, dit M. Rigollot, où s'exploitent les cailloux à Saint-Acheul, est de médiocre étendue ; ce qui doit exciter la surprise, c'est la grande quantité de silex taillés qui s'y découvrent journellement ; vous ne pouvez aller sur le terrain sans que les ouvriers vous en présentent qu'ils viennent souvent de ramasser à l'instant, au milieu des cailloux qu'ils jettent sur la claie pour en séparer le sable et le gravier. Depuis le mois d'août qu'ils les recueillent jusqu'au mois de décembre où j'écris ces paroles, on en a trouvé plus de quatre cents, et pour ma part, depuis que j'en recherche, on m'en a apporté plus de cent cinquante. Ce nombre doit faire présumer qu'ils proviennent d'une localité où les hommes qui vivaient alors s'étaient réunis et avaient formé une espèce d'établissement. »

Alors que les éléphants et les mastodontes erraient dans les plaines de la Picardie, alors que les hippopotames ou quelques espèces analogues peuplaient la Somme et l'Oise, il faut bien admettre que le climat était tout différent. Les forêts qu'habitaient ces animaux antédiluviens n'étaient pas non plus composées de nos chênes et de nos hêtres. La température était plus chaude et donnait à toutes les productions, tant animales que végétales, un caractère autre que celui des terres présentement situées au nord de Paris. On peut en conclure que la race des hommes qui fut contemporaine de ces animaux, de ces plantes et de ce sol, avait aussi son empreinte spéciale. Virgile, se laissant ravir aux douceurs du printemps, s'est écrié en des vers magnifiques :

Non alios prima nascentis origine mundi
Illuxisse dies aliumve habuisse tenorem
Crediderim ; ver illud erat, ver magnus agebat
Orbis.....

Dans son intuition poétique, il lui a semblé qu'à l'origine du monde naissant, la sérénité d'un printemps éternel planait sur la terre, et y favorisait l'engendrement des créatures vivantes. Certes on admirera cette vision vague et confuse de la réalité des choses ; Virgile ne s'était pas trompé tout à fait : un printemps planait sur le globe terrestre, si l'on donne le nom de printemps à une température plus élevée et plus constante que celle qui est notre partage. Pourtant, au milieu de cette chaleur abondante et de cette vie qui faisait explosion d'époque en époque sur les terrains géologiques, on remarquera ceci : à mesure que la température devenait moins uniforme, à mesure aussi apparaissaient des races d'animaux plus parfaites.

Les indices, encore incertains sans doute et controversés, conduisent à croire qu'une distinction de ce genre est à établir entre les hommes antédiluviens et les races supérieures qui survinrent. En tout cas, la question qui s'agite au sujet des hommes antédiluviens se présente maintenant sous deux faces. D'une part, on trouve çà et là quelques débris humains que plusieurs déclarent provenir de couches profondes ; mais la rareté même de ces trouvailles et le caractère indécis des gisements laissent des doutes, et ne permettent pas encore d'établir le fait parmi les certitudes de la science. D'autre part, les armes et les ustensiles, qui sont aussi des témoins irrécusables, ont été exhumés du sol qui les recélait. Ces armes et ustensiles ont-ils été trouvés dans les terrains vraiment diluviens, à côté des os vraiment fossiles ? N'y sont-ils pas arrivés par des déchirures accidentelles dans les diverses couches ? Une telle manière de voir n'est-elle pas réfutée par l'abondance singulière avec laquelle ces objets sont répandus dans leurs gisements ? Ou bien, admettant l'authenticité des terrains, ne se méprend-on pas sur le caractère de ces silex ? N'y a-t-il pas un simple jeu de la nature dans ce que l'on prend pour le travail de la main humaine ? La question est posée ; les pièces du procès s'accumulent, et désormais le jugement ne tardera pas beaucoup à intervenir.

III.

Toute récente qu'elle est, la paléontologie exerce une influence considérable sur les conceptions générales ; nécessairement elle modifie les doctrines, et par les doctrines la raison collective. Ces modifications sont dans la direction que les sciences depuis l'origine ont suivie ; elles ne contrarient rien ; elles confirment tout, prolongeant jusque dans des âges qui semblaient fermés aux regards les recherches positives et les inductions. Dès l'abord il fallut, à cette lumière inattendue, remanier ce qui se disait du commencement des choses ; il fallut faire place, dans le temps et dans l'espace, à cette infinité de formes végétales et animales qui se sont succédé sur la terre. Tant que l'on a cru que végétaux et animaux étaient, si je puis parler ainsi, superficiels et ressemblaient à une semence jetée sur des sillons, l'esprit humain d'alors s'est senti à l'aise pour imaginer les formations primordiales et leur scène antique ; mais autre est la condition de l'esprit humain d'aujourd'hui, et, pour concevoir, il est resserré dans des limites plus étroites. Il ne peut, comme cela était si facile jadis, détacher la terre des êtres vivants qui l'habitent. Entre les couches solidifiées qui reposent sur le feu central et la superficie, il est une série d'étages qui ont chacun sa flore et sa faune. La vie s'y montre partout, non quelque chose d'absolu, mais quelque chose de relatif et de soumis aux circonstances et aux propriétés des milieux. À mesure qu'on descend dans des couches plus profondes, on trouve des êtres de plus en plus différents de ceux qui appartiennent à notre âge. Dès que la terre est assez refroidie, le sol assez consolidé, l'atmosphère assez épurée pour que les combinaisons organiques puissent se produire, elles se produisent ; mais aussi, à la moindre mutation qui survient dans ce vaste corps, elles sont détruites, à peu près comme ce géant de l'Enéide qui, enseveli sous l'Etna, ébranle toute la Sicile au moindre changement de position :

.....Quoties fessum mutet latus, intremere omnem Murmure Trinacriam, et cœlum subtexere fumo.

Mais aussi il en renaît d'autres : le terrain a changé, la température n'est plus la même, l'atmosphère s'est ressentie des modifications communes ; cela suffit pour que sur cette nouvelle scène une nouvelle population lève sa tête. Sans doute chaque terrain a été à son tour superficiel, frappé par les rayons du soleil et animé par la pullulation des êtres vivants ; mais des événements toujours analogues sont advenus un grand nombre de fois, c'est-à-dire que la vie, s'éteignant et se rallumant, a varié selon que variait la nature de la surface.

L'intervention puissante de la terre dans les manifestations vivantes est donc évidente, et désormais toute théorie générale sur la conception du monde est tenue à conformer scrupuleusement les changements des êtres organisés aux changements de la superficie du globe, à ne point intervertir les dates de cette antique histoire, à ne point mettre au commencement ce qui est à la fin, et à suivre la loi de succession telle que les faits l'ont montrée.

J'irais certainement contre mes intentions les plus arrêtées, si de mes paroles on pouvait inférer qu'il y a quelque induction à tirer de ces faits touchant le mode de formation première des êtres organisés. Non-seulement ces faits n'autorisent aucune théorie là-dessus pour le présent, mais je pense même qu'ils n'en autoriseront jamais, et je regarde la question comme toujours interdite à la recherche. La philosophie positive m'a enseigné que tout ce qui se rattache à l'origine ou à la finalité est complètement inaccessible à l'esprit humain, et doit être désormais abandonné. Depuis l'ouverture de l'ère de la pensée pour l'humanité, on a beaucoup médité, beaucoup écrit sur ce sujet, singulièrement attrayant ; mais les méditations et les écrits ont nécessairement exprimé une conception qui, purement subjective et née des combinaisons de l'esprit, pouvait à la vérité concorder avec le monde réel, mais en fait se trouve n'y pas concorder, et réciproquement la conception qui provient de l'étude du monde réel, étant une donnée de l'expérience, n'a aucune prise sur des sujets qui sont de leur nature hors de l'expérience. De la sorte tout chemin est coupé, soit qu'on descende de l'esprit vers le monde, soit qu'on aille du monde vers l'esprit. L'une de ces méthodes, qui prétend donner les solutions d'origine et de finalité, est en contradiction avec les choses telles qu'elles sont ; l'autre, qui est en rapport avec les choses telles qu'elles sont, se refuse à toute solution de finalité et d'origine. En cet état, et la double impossibilité étant dûment reconnue, on écartera comme stériles des discussions qui ne peuvent jamais aboutir. Ainsi, pour me tenir dans l'objet dont je m'occupe, on ne cherchera pas à imaginer ce qui n'est pas imaginable, comment les êtres vivants ont pour la première fois, pour la seconde, pour la troisième ou pour telle autre, apparu sur la terre ; mais ce qu'on cherchera et ce qui importe grandement à la consolidation des doctrines de l'humanité, et partant à son existence sociale, ce qu'on cherchera, dis-je, ce sera de circonscrire de plus en plus le terrain où se sont passés les phénomènes d'origine, et d'arriver, s'il est possible, au point où un pas de plus, qui est absolument interdit, conduirait hors de l'expérience. En ceci, la paléontologie est d'un puissant secours ; elle ouvre de vastes aperçus. Certes Cuvier, qui le premier en a embrassé le système, a dû sentir les joies pures et profondes de l'intuition, quand, réveillant la poudre des générations dissemblables, il a pu les compter l'une après l'autre et s'émerveiller que l'écorce de la terre renfermât tant de mondes éteints. Et nous qu'il a introduits à ce grand spectacle, ce n'est pas sans émotion et sans recueillement que nous nous penchons sur le gouffre de ces âges, marqués chacun d'un jalon, et que nous sentons passer sur nous le frisson de l'immensité.

Il est certain, quelle que soit la cause du phénomène, que toutes les espèces d'animaux qu'on trouve à l'état fossile ont eu une durée géologique limitée. Il ne faut pas croire que les espèces les premières créées, et qui appartiennent aux terrains les plus anciens, existent encore parmi nous. Il n'en est rien ; elles sont anéanties. Nous n'avons point, sur la surface actuelle de la terre, des animaux dont les aïeux remontent, de génération en génération, jusqu'aux âges où la vie commence d'apparaître. Aucun ne peut se vanter d'une noblesse aussi antique, et tous ceux qui vivent présentement sont de maison relativement récente. Celles d'entre les espèces qui naquirent dans les couches profondes gardèrent d'abord, les unes plus, les autres moins, leur permanence, et se conservèrent dans quelques-unes des couches qui succédaient ; mais les changements passaient les uns après les autres sur la face de la terre, les conditions d'existence se modifiaient, et, les milieux devenant de plus en plus impropres à ce qui avait pris naissance dans les circonstances les plus anciennes, une mort définitive les balayait des continents et des mers. Réciproquement, et par la même raison, ni les espèces actuelles, ni celles qui les ont immédiatement précédées, n'ont de racines dans les antiquités géologiques.

Il suit de là, comme un corollaire, que quand un type a péri, et que le monde qui suivait ne l'a pas reproduit, c'en a été fait de lui, il n'a plus reparu. En d'autres termes, une interruption dans l'existence, à travers les passages d'un monde à un autre, n'est jamais réparée. Le genre éléphant, si abondant à l'époque diluvienne, s'est perpétué dans l'époque présente ; mais si, ce qui n'est pas, il eût appartenu à l'époque tertiaire, et qu'il eût été sans représentants dans l'époque diluvienne, il n'existerait pas non plus aujourd'hui, et il compterait parmi les genres éteints. C'est la loi des milieux qui règle tout cela. Un genre passe d'un étage à l'autre et continue à subsister, s'accommodant aux nouvelles modifications, si elles ne sont pas trop considérables ; mais vient-il à périr, alors le monde nouveau qui s'est formé diffère notablement du monde ancien qui lui avait donné naissance, et ce qu'il produit n'est plus identique à ce qui fut produit jadis. Les espèces sont dans le même cas : elles peuvent traverser et ont traversé, en effet, le défilé qui enchaîne l'un à l'autre deux renouvellements ; mais celles qui ne se sauvent pas ne reparaissent plus. D'autres, du même genre, prennent leur place. Ainsi dans le genre des éléphants, qui est venu de l'étage diluvien à notre étage, les espèces diluviennes ont été anéanties ; le genre éléphant, quand il s'est renouvelé, a eu l'éléphant des Indes et l'éléphant d'Afrique, qui ne sont pas fossiles, et il n'a plus eu le mammouth, qui est demeuré enseveli. Les genres, les espèces, une fois morts, ne ressuscitent pas.

On sait qu'une prodigieuse chaleur anima le globe terrestre, tellement qu'il a été en fusion, et que les parties centrales en sont encore incandescentes. On sait aussi qu'à la surface cette chaleur centrale est tout à fait insensible, et que la température n'y dépend plus que des rayons solaires et de la densité de l'atmosphère. Les physiciens n'ont pas résolu la question de savoir si, dans les époques anciennes, et quand la croûte terrestre commença d'être disposée à porter des végétaux et des animaux, il en était comme aujourd'hui, et si la température intérieure ne comptait que pour une fraction indifférente dans la température superficielle. Toujours est-il que la paléontologie indique de son côté que les époques anciennes ont été généralement plus chaudes que la nôtre. Pourtant il ne faudrait pas considérer cet accroissement comme régulier et continu ; il y a eu une période de froid qui a sévi du moins dans certaines parties du globe. C'est l'époque dite glaciaire, dont l'existence, difficile à expliquer, est attestée par les immenses glaciers et leurs vastes moraines, aujourd'hui vides d'eaux et de glaces. Mais cette anomalie laisse subsister le fait principal : la température fut plus élevée. Le mammouth, qui peuplait la Sibérie, tout velu qu'il était, n'y vivrait pas présentement, attendu que cette contrée est devenue trop froide pour produire les végétaux nécessaires à la nourriture de ce puissant animal, et l'Europe entière a été, pendant l'époque houillère, couverte d'une riche et grande végétation qui ne peut être comparée qu'à celle de quelques pays intertropicaux. Cette élévation de la température dans les régions qui sont maintenant sous un autre climat mettait beaucoup plus d'uniformité sur la surface de la terre ; cette uniformité se faisait sentir sur les productions tant végétales qu'animales, et c'est ce que la paléontologie constate de tous côtés, de sorte que la diversité des formes de la vie a crû en même temps que croissait la diversité des circonstances climatologiques. De quelque côté que l'on porte le regard dans ce long flux des âges, tout y paraît muable. Nous vivons sur la foi, je ne dirai pas de notre soleil, dont les changements nous sont dérobés par son immense éloignement et son énorme grosseur ; nous vivons sur la foi de notre terre qui nous porte, et de notre atmosphère qui nous abrite, et pourtant ce n'est encore qu'une tente d'un jour.

La succession des terrains superposés, les débuts de la vie dans les plus anciens, l'apparition dans chacun d'eux d'organisations dissemblables, portèrent plusieurs zoologistes à établir comme une loi de la paléontologie que les êtres vivants étaient soumis à un perfectionnement graduel. Non pas que les espèces d'alors fussent plus imparfaites que celles d'aujourd'hui : elles sont, si on les considère en elles-mêmes, toutes aussi parfaites les unes que les autres, c'est-à-dire toutes suffisamment disposées pour se perpétuer ; mais on veut dire que, s'élevant des profondeurs à la superficie, on rencontre des types de plus en plus éminents, c'est-à-dire de plus en plus compliqués d'organisation et pourvus de facultés. Ainsi une série régulière et bien ordonnée se déroulerait depuis les premiers âges, dans laquelle le terme précédent serait une sorte d'ébauche par rapport au terme conséquent. Ce n'est point là l'expression de la réalité, et, sous cette forme, l'idée du perfectionnement graduel est en contradiction avec les faits. L'étude montre de grandes et incontestables irrégularités. Les singes, qui sont plus parfaits que les autres animaux et plus imparfaits que l'homme, devraient occuper, dans la série des terrains, une situation intermédiaire, et pourtant on les trouve déjà dans les terrains tertiaires anciens. Les invertébrés, moins parfaits que les vertébrés, devraient leur être antérieurs, et pourtant on trouve des vertébrés (à la vérité ce sont des poissons) à côté des premiers invertébrés. Il y a donc des confusions, des empiétements, et, au lieu de se suivre, les créations, en bien des points, se juxtaposent. Cela est vrai ; cependant il est vrai aussi que, dans l'ensemble, il y a une évolution incontestable depuis les végétaux primitifs jusqu'à l'homme, et une série, si l'on considère seulement quelques grands termes qui ne souffrent pas d'interversion : plantes, animaux, vertébrés supérieurs et homme. Ces considérations s'appliquent exactement à ce qu'on nomme l'échelle des êtres ; il est certain qu'on ne peut ranger bout à bout toutes les espèces vivantes (plantes et animaux) de manière que la supérieure soit constamment plus parfaite que l'inférieure. D'immenses exceptions, tant végétales qu'animales, ne permettent pas de considérer ainsi les choses, et il faut reconnaître qu'en bien des points plusieurs séries deviennent parallèles et ont des rapports simultanés d'infériorité et de supériorité. Si cela ne peut être nié, on ne peut nier non plus que végétalité, animalité et humanité forment trois termes qui donnent une grande et véritable série. L'idée vient, quand on considère dans leurs analogies la série paléontologique et la série zoologique, l'idée vient que l'ordre linéaire est l'ordre idéal et celui qui aurait prévalu si l'intercurrence de perturbations extérieures n'avait pas dérangé l'évolution propre de la vie. L'ellipse, à laquelle on rapporte le mouvement des planètes dans notre système solaire, n'a rien de réel ; il n'y a pas une seule planète qui se meuve dans une courbe parfaitement elliptique ; toutes sont déviées de leur course par les attractions réciproques qu'elles exercent les unes sur les autres. Mais ici la grande simplicité de ce cas mathématique a permis de reconnaître que l'ellipse était bien en effet le mouvement vrai, et que si, par exemple, il n'y avait eu dans l'espace que le soleil et la terre, celle-ci décrirait une ellipse régulière, tandis que, dans le domaine de la vie, l'infinie complication ne permet pas à notre intelligence trop faible de dégager l'évolution idéale telle qu'elle se comporterait, indépendamment des actions perturbatrices. Aussi la série paléontologique et la série zoologique ne doivent être considérées que comme des artifices logiques, très légitimes d'ailleurs, qui ont la double vertu de diriger les recherches et d'assurer l'esprit.

Ce fut le rêve de la poésie primitive de pénétrer par quelqu'une des cavernes béantes dans les espaces souterrains et d'y évoquer des formes étranges et monstrueuses qui devaient, avec les morts, occuper les ténèbres des abîmes. Ce rêve de la poésie, la science lui a donné la réalité ; cette descente *vers les choses couvertes sous une terre profonde et une ombre obscure (res alta terra et caligine mersas),* la science l'a effectuée. Si, au moment de s'engager dans ces voies dont on peut dire, aussi justement que le poète, qu'elles n'avaient jamais été foulées par un pied humain, elle eût annoncé que ce qu'elle allait trouver viendrait se ranger dans les cadres qu'elle avait tracés et se conformerait à la doctrine générale qu'elle avait édifiée, on aurait certainement pensé qu'elle tenait un langage téméraire, qu'elle donnait pour des vérités ce qui n'était que des hypothèses. Pourtant elle n'eût rien annoncé qu'elle n'ait tenu. En vain un nombre prodigieux de siècles nous sépare de tous ces mondes effacés, en vain les terrains s'entassent sur les terrains, en vain les conditions d'une surface si souvent renouvelée subissent de graves modifications, tout est nouveau sans doute, mais rien n'est hétérogène. En aucun cas, ce qui choquait l'ami des Pisons, l'aimable et judicieux Horace, jamais une femme belle en haut ne se termine par une queue de poisson (*Desinat in piscem mulier formosa superne*). Les mêmes lois biologiques sont observées dans ces végétaux et animaux fossiles comme dans ceux de nos jours ; ce qui est incompatible s'exclut alors comme aujourd'hui, et alors comme aujourd'hui ce qui est congénère s'attire et se rejoint. Les fougères peuvent devenir de grands arbres, mais ce sont des fougères ; les lézards peuvent prendre des ailes et voler, mais ce sont des lézards ; les paresseux et les tatous peuvent devenir gros comme des éléphants, mais ce sont des paresseux et des tatous. Le fil qui conduit est un guide sûr : organisation, texture, relations, fonctions, tout se tient. Rien autre que des plantes monocotylédones ou dicotylédones n'a été offert par ces antiques végétaux, et dans les animaux rien de supérieur aux vertébrés, d'inférieur aux invertébrés, n'a été rencontré. Jamais la réalité de la science ne s'est mieux démontrée qu'en s'appliquant ainsi sans effort à des cas pour lesquels elle n'avait jamais été faite et qu'elle ne soupçonnait pas. Et réciproquement, en présence de cette régularité qu'on peut appeler rétrospective, il faut concevoir que la vie est une force spéciale qui a ses conditions immanentes, comme la gravitation ou la chaleur ont les leurs, qui est profondément modifiée dans ses manifestations par l'influence des milieux, mais qui n'en conserve pas moins, dans les circonstances les plus disparates, son autonomie et ses modes fondamentaux.

IV.

Quelque loin que l'homme ait poussé sa civilisation et doive la pousser encore, les commencements en sont nés parce qu'il a su se faire des outils et par là agrandir sa force, qui est petite, et qui, grâce aux instruments, croît sans cesse et devient illimitée. Cette capacité lui est inhérente, et il n'est aucun pays, aucun temps où il en paraisse privé, si bien qu'elle appartient même aux hommes et aux âges diluviens et qu'elle a fourni à M. Boucher de Perthes des témoignages d'une industrie primitive. Si l'homme n'augmentait pas sa force matérielle et intellectuelle, il pourrait bien peu de chose sur la nature, et son enfance serait perpétuelle, stagnation, arrêt, immobilité qu'on observe chez les races ou les peuples qui, à un moment donné de leur histoire, cessent d'accroître leurs ressources en ce genre. C'est d'abord la force matérielle qui se développe : la hache, le coin, l'arc, la pirogue pourvoient aux plus pressants besoins de l'existence. À l'aide de ces premiers outils croît à son tour la force intellectuelle, qui bientôt paie avec usure la protection accordée. Un échange incessant s'établit de l'une à l'autre : le savoir donne des outils, les outils donnent du savoir. Que n'ont pas produit les microscopes et les télescopes ! Il n'est pas possible de se représenter l'homme assez absorbé en soi-même pour n'avoir pas songé à se munir de quelques outils ; une pareille supposition le réduirait aussitôt au rôle des grands singes et des mammifères supérieurs ; comme eux, les nécessités de la vie l'occuperaient tout entier. Mais il se procure le temps de méditer, et partant l'empire, en se procurant ces instruments dont il arme progressivement ses mains et son esprit. Et de fait, les sciences ne sont qu'une espèce d'outils à l'usage de l'intelligence : ce sont de véritables machines de plus en plus puissantes, par lesquelles on pénètre dans les propriétés de la matière, on reconnaît les phénomènes et l'on saisit dans leur agence les forces naturelles. Alors, maître de tant de secrets des choses, possesseur de ce feu symbolique que livra Prométhée, le genre humain fait deux parts du trésor accumulé : aux uns il le livre pour qu'ils se satisfassent dans la contemplation spéculative, entretenant et augmentant ces hautes connaissances ; aux autres, pour qu'ils transforment en toute sorte d'applications le savoir abstrait.

Ce qui est à la fin n'a pu être au commencement, et l'homme antédiluvien débutait dans la série des inventions dont le germe reposait en son intelligence. Il y a, dans une célèbre ballade de Schiller, de beaux vers où il peint le hardi plongeur qui est allé chercher la coupe d'or, se voyant avec terreur si loin de tout secours, le seul être sentant parmi les monstres de l'abîme, seul sous les vastes flots, seul dans les antres sourds et tout entouré des bêtes dévorantes qui peuplent ces demeures. L'homme primitif, tout sauvage qu'il était, tout approprié qu'il se trouvait à ses conditions d'existence, éprouva sans doute quelque confus sentiment de sa position vis-à-vis la nature tant inanimée que vivante, et il mit la main à l'œuvre. Nous n'avons point certainement la collection des outils qu'il se fabriqua ; mais, la nécessité des instruments se faisant spontanément sentir, où les prendre? Alors, avec une industrie sur laquelle ses descendants ne doivent pas jeter un regard dédaigneux, et qui est le commencement des découvertes ultérieures, il choisit les cailloux les plus durs, il les frappa l'un contre l'autre, et finit par faire des haches et des couteaux qui étendirent notablement son empire. Les premiers ouvriers qui réussirent dans cette fabrique furent les pères du travail. Avec cela, on put couper les arbres, façonner le bois, fouir la terre, devenir redoutable même à de grands animaux, et sans doute guerroyer de tribu à tribu. C'était l'âge de pierre.

L'âge de pierre se continua chez l'homme postdiluvien. Soit que les races humaines d'alors aient toutes péri et qu'elles aient été remplacées plus tard par de nouvelles espèces, soit, ce qui est possible, qu'elles aient en partie traversé la période de rénovation, toujours est-il que la pierre comme outil se trouve derechef au début. On peut penser que les populations antédiluviennes étaient hors d'état de s'élever au-dessus de la période de pierre ; du moins rien de plus n'a été rencontré dans les couches de terrain qui leur appartenaient. On peut encore penser que, même parmi les populations actuelles, plus d'une a été incapable de sortir par elle-même de ce rudiment des choses ; du moins la période de pierre dure pour beaucoup de peuplades qui n'avaient, lors de leur contact avec les Européens, pas d'autres instruments tranchants que des pierres taillées. On peut enfin assurer que les populations mieux douées, celles qui devaient agrandir la civilisation élémentaire et donner à l'homme tous ses vrais et nobles développements, eurent, elles aussi, leur âge d'enfance et leur outillement en silex. C'est un stage qu'il faut nécessairement faire, et que, parmi les races antiques, peu seulement dépassèrent, ouvrant dès lors la voie à d'immenses destins. Le bois ne peut servir à trancher, le métal est enfoui et n'est pas mis en usage sans des manipulations difficiles ; mais la pierre est là, toute prête, à l'aide d'opérations simples, à devenir une hache grossière il est vrai, mais utile. M. Boucher de Perthes prétend d'ailleurs distinguer les haches antédiluviennes et les haches postdiluviennes, non-seulement au gisement, cela va sans dire, et c'est le gisement qui permet la distinction, mais encore au travail. Celles-là ne sont pas aiguisées et polies ; celles-ci le sont, témoignant parla d'un besoin de perfectionnement qui paraît avoir été étranger à la période antérieure. À ces haches perfectionnées M. Boucher de Perthes assigne le nom de celtiques. Les unes et les autres sont semées sur le sol de la France actuelle, et montrent qu'à des époques diversement reculées ce sol a été occupé par des hommes maniant la hache de pierre ; mais il est douteux que l'appellation de celtique soit juste. Les Celtes ne sont pas autochtones de la Gaule, ils viennent de l'Orient, et lorsqu'ils se portèrent en Occident, ils avaient sans doute l'usage du cuivre : ils durent y trouver la pierre dans les mains de peuplades indigènes ; chez eux, s'ils la gardaient encore à côté d'une matière meilleure, c'était par souvenir et tradition.

L'âge de cuivre (l'âge d'or et celui d'argent ne sont que des accidents) est, des deux grands âges métalliques, le premier en date. Ce métal est relativement facile à extraire et facile à travailler. C'était donc à lui que pouvaient s'adresser les hommes lorsque le progrès des découvertes les conduisit à substituer des instruments plus efficaces aux instruments grossiers des aïeux. Ce fut une grave révolution dans l'industrie primitive, qui de la sorte fut en mesure d'agir avec bien plus de force sur la nature extérieure. On ne peut guère s'empêcher de l'attribuer aux races d'élite qui jetèrent les premiers fondements des empires, les Couschites, les Sémites, les Ariens. De même que l'âge de pierre dura très inégalement sur la terre, puisque des peuplades y étaient encore demeurées pendant que le reste du genre humain l'avait dépassé depuis bien des siècles, de même l'âge de cuivre eut une durée variable chez les peuples antiques. Au temps de la guerre de Troie, les Grecs n'en étaient pas sortis : dans Homère, tous les engins de guerre sont en cuivre, l'or et l'argent sont employés dans les armes défensives, les lances meurtrières qui atteignent l'adversaire de loin sont pourvues d'un airain aigu et tranchant ; mais le fer n'est nulle part, sauf comme une rareté de grand prix, témoignant du moins que des peuples plus industrieux que les Hellènes avaient déjà extrait et façonné ce métal. Bien plus tard encore, les Gaulois, quand ils passaient les Alpes et guerroyaient contre les Romains, n'avaient que des armes de cuivre, et ce ne fut pas une de leurs moindres infériorités ; mais finalement le cuivre, comme la pierre avant lui, fut dépossédé du service par quelque chose de plus puissant.

L'âge de fer succéda en effet. Aller chercher le minerai, le transformer en métal, façonner ce métal était une entreprise qui, dépassant les ressources et l'habileté des temps anciens, devenait possible à des mains et à des esprits plus exercés. Quand le fer fut entré dans les usages de la vie, la force humaine fut immensément multipliée. La pierre et le cuivre avaient préparé cet accroissement, qui, à son tour, fut la préparation à un état ultérieur. De même que les Grecs devant Troie approchaient de l'âge de fer, de même les Gaulois y arrivaient quand César les conquit, tant fut lente la propagation des plus utiles découvertes ! Il n'est pas besoin de dire combien fut grande la révolution que le fer, comme instrument et comme arme, produisit dans les affaires du monde ; mais il est besoin de ne pas perdre de vue quelle en est la place dans la série. Rien dans ces termes ne peut être interverti ; on n'alla point de l'âge de fer à l'âge de pierre ; la nature des choses comme la nature de l'esprit humain s'y opposèrent ; on alla de l'âge de pierre à l'âge de fer par l'intermédiaire du cuivre, la nature des choses comme la nature de l'esprit humain le voulurent. Ces deux conditions, qui réagissent incessamment l'une sur l'autre, déterminent, comme un phénomène régulier et naturel, le développement des sociétés.

Telle est la succession de ces trois âges qui, tout réels qu'ils sont, peuvent presque être appelés mythologiques, car ils se confondent dans les nébulosités de l'histoire. Ils étaient probablement accomplis, pour les peuples les plus avancés en civilisation, à l'époque où l'empire des Égyptiens nous apparaît fondé sur les bords du Nil, et l'on sait qu'aucune nation n'est historiquement aussi ancienne que la nation égyptienne ; le genre humain n'a point d'autres annales qui remontent aussi haut. Au-delà donc s'étend une période immense, remplie par les trois âges successifs. Ils furent tous occupés par la formation de ces mille industries sur lesquelles la vie moderne repose comme sur un fondement solide. Les religions primitives y présidèrent sous des formes qui s'épuraient à mesure qu'un âge remplaçait un autre âge ; elles en furent l'élément moral, que la nature humaine développait et auquel elle se soumettait de plus en plus, selon le progrès général. Il n'est pas probable que dès lors l'élément intellectuel se soit dégagé comme spéculatif et abstrait, et ait cherché la vérité en elle-même et la théorie des choses ; il demeura appliqué à la satisfaction des besoins de la vie et à l'exploration empirique ; *labor improbus et duris urgens in rebus egestas*, a dit très bien Virgile. Tout au plus peut-on supposer que, vers la fin, des essais de spéculation scientifique commencèrent à naître, et que furent faits quelques rudiments abstraits d'arithmétique d'abord, puis de géométrie ; mais en définitive toute cette période doit être assignée, d'une façon générale, à l'empire des besoins urgents et aux moyens d'y satisfaire.

Entre des périodes ainsi caractérisées et les âges mythologiques du genre humain, y a-t-il lieu de chercher un rapport même éloigné ? Est-on autorisé par la similitude apparente à voir dans les légendes antiques, parées de l'imagination des poètes, quelque chose de plus que des conceptions suggérées uniquement par des besoins moraux et par des inspirations religieuses ? En un mot, peut-on y distinguer un certain reflet de souvenirs presque effacés de la mémoire des hommes ? La division ordinaire était en or, argent, cuivre et fer. Il est certain que cette division reproduit assez bien l'évolution de la civilisation quant aux métaux ; l'or a précédé le cuivre, lequel a précédé le fer. Et la légende décrit en même temps comment la vie va se compliquant : tout d'abord l'homme n'avait qu'à jouir du printemps perpétuel et fécond de la terre ; mais d'âge en âge tout se resserre et se supprime, et simultanément les arts naissent et se multiplient ; mais aussi naît et se multiplie la perversité. De ce tableau il ne peut demeurer que trois traits : une espèce de printemps général ou du moins une température plus uniforme répandue sur le globe, la succession des métaux et la complication concomitante de la vie. Le reste est en contradiction avec les témoignages encore écrits, à défaut de l'histoire, dans les dernières couches du globe. Les premiers hommes, bien loin d'être dans une oisiveté que ne stimulait aucun besoin, taillaient des silex pour se faire des instruments et des armes ; bien loin d'être en paix sur une terre toute clémente, ils étaient engagés dans la grande guerre avec les animaux puissants ; bien loin d'être supérieurs en intelligence et en moralité à leurs successeurs, ils ouvraient péniblement les premiers sillons de la moralité et de l'intelligence.

Une autre tradition a été suivie par Virgile : lui ne compte que deux âges. Dans le premier, tout était commun ; le sol n'était pas partagé, et la terre produisait libéralement sans qu'on lui demandât rien : c'était le règne de Saturne. Mais vint le règne de Jupiter, qui, ne voulant pas que ses domaines demeurassent plongés dans la torpeur, changea toutes ces bénignes conditions : il mit le venin aux dents des noirs serpents, il lâcha les loups dévorants, et cacha le feu, afin d'obliger les hommes à trouver les diverses industries à force de méditation. Si l'on voulait tourner ces récits légendaires et poétiques de manière à y trouver une esquisse, une ombre de la réalité, on dirait que le premier âge répond à l'existence des hommes de la période diluvienne, à l'usage primitif de la pierre, alors que, n'ayant que les rudiments de toute chose, ils vivaient d'une vie s'élevant de peu au-dessus de celle des grands animaux, tandis que le second âge représente l'introduction des métaux dans l'ébauche sociale, et simultanément la complication graduelle de tous les rapports. Si l'on voulait poursuivre encore plus loin ces flottantes ressemblances, on dirait que Saturne, cet antique souverain du ciel et de la terre, sous lequel la simplicité et l'uniformité florissent, est l'homme ancien et le type de ces tribus diluviennes qui, plus imparfaitement douées, n'avaient aucune chance de sortir des premiers langes, et que Jupiter, qui chasse si rudement le vieux Saturne, qui ne souffre pas que ses domaines languissent dans une torpeur immobile (*nec torpere gravi passus sua regna veterno*), est l'homme nouveau et le type de ces tribus entreprenantes qui cherchent, méditent et trouvent. Sans doute il faut se garder d'attacher trop de réalité à ces légendes qui se prêtent à tant d'explications diverses, et surtout de se laisser faire une illusion semblable à celle de l'alchimiste qui ne rencontrait jamais au fond de son creuset que l'or qu'il y avait mis. Pourtant elles ont je ne sais quel reflet des choses antiques et lointaines qui charme et attire l'esprit, et là, comme en plus d'un autre point, la poésie vient côtoyer la haute science.

V.

L'histoire, lorsqu'on la remonte, arrive partout à un point où finissent les documents inscrits soit dans les livres, soit sur les pierres ou sur les métaux, et quand ils s'arrêtent, elle s'arrête aussi, n'ayant pas d'autres matériaux que les récits, les inscriptions, les pièces, en un mot, qui émanent directement et indirectement des temps antérieurs. C'est un chemin qui se coupe abruptement ; on l'avait suivi jusque-là : tout à coup les monuments font défaut, et le voyageur, je veux dire l'historien, s'arrête déconcerté devant cette lacune qu'il n'a aucun moyen de franchir, tout en conservant la certitude que réellement l'histoire se prolonge bien au-delà du terme que l'on atteint. Les hommes ont été longtemps sans savoir écrire ; quand ils l'ont su d'une façon rudimentaire, quand ils ont commencé à retracer leurs idées et leurs annales en peintures, en hiéroglyphes, en quipos, ces documents, dont rien n'assurait la conservation, se sont détruits, et il ne nous est parvenu de corps d'annales que pour les époques, relativement bien postérieures, où des collèges de prêtres, des rois puissants, des aristocraties constituées, ont eu besoin de tenir registre des choses.

Tous les anciens peuples arrivés à un état de société qui comportât des annales se sont tournés du côté de leur passé, et, apercevant ce grand vide à l'origine, ont essayé de le combler. Quelques vagues traditions s'obscurcissant par la transmission de la mémoire, puis surtout l'imagination, y pourvurent. De là ces âges, de là ces jours, ces *avatars*, ces printemps perpétuels, ces longues durées de la vie, ces générations favorisées et ces *années meilleures* qui faisaient le regret et la rêverie du poète. Ce qui détermine le caractère de tant de légendes merveilleuses, c'est la tendance de tout ce qui vieillit à reporter au temps de la jeunesse la chaleur, le charme et la beauté. Sous cette illusion inévitable se colora l'origine des choses, dans des récits astreints d'ailleurs, par des souvenirs flottants, à quelques conditions communes. L'homme, par la constitution même de ses sens et de son esprit, est mis à toute sorte de faux points de vue, dont le plus vulgaire exemple est la croyance nécessaire au mouvement du soleil et au repos de la terre. De même le faux point de vue intellectuel et moral dont je parle l'obligea spontanément à grandir et à parer le passé. Rechercher dans les narrations antiques, dans les poésies primordiales, ce qui est issu du faux point de vue, et ce qui fut donné par des traditions qui surnageaient, est un travail dont on peut tenter l'ébauche, aujourd'hui que l'on connaît mieux l'état toujours relatif de l'esprit humain et certains vestiges des civilisations rudimentaires.

Il n'y a point, jusqu'à présent du moins, de mesure pour les intervalles du temps écoulé. Entre le moment où l'homme se mit à tailler des cailloux pour se faire des instruments ou des armes et le moment où vous le trouvez occupé, sur les bords du Nil, à ériger des temples et des pyramides, et à y inscrire en hiéroglyphes ses souvenirs, est un très vaste espace. Cet espace s'accroît encore, s'il faut, comme tout l'indique, le couper par un événement géologique qui sépare l'humanité en deux groupes, l'un plus ancien et plus voisin des rudiments, l'autre plus récent et plus développé. L'empire égyptien se donnait dix mille ans d'existence, lorsque ses prêtres conversaient avec Platon, et la critique actuelle, qui le suit avec toute certitude jusqu'à plus de quarante siècles, ne peut voir en ce dire une simple vanterie. C'est donc à un terme ainsi placé approximativement qu'il faut conduire les populations qui peu à peu s'élevèrent, du dénuement primitif, à l'immense et prospère organisation des empires de l'Égypte et de l'Asie. La route est tracée, on voit le point de départ, on connaît le point d'arrivée, des jalons même sont placés çà et là ; mais une ignorance profonde cache les difficultés de la frayer, et, partant, les durées des étapes.

Non seulement la notion d'une marche en une voie déterminée est acquise, mais encore on peut apercevoir avec netteté dans les linéaments généraux de quoi a été rempli l'immense espace parcouru, l'immense durée employée à jeter les fondements d'un édifice dont les proportions futures étaient inconnues. Tous les arts nécessaires et beaucoup des arts utiles commencèrent alors. On fut occupé à donner satisfaction aux besoins les plus pressants de notre nature. C'était à la fois la chose la plus impérieusement commandée et la moins difficilement exécutée. De cette période datent les débuts de l'industrie, d'où émanent ensuite les autres développements. Cet ensemble est la loi même de l'histoire que, dans quelque autre travail, je m'efforcerai de rattacher à la constitution de l'esprit humain, si bien qu'il a fallu nécessairement que l'évolution fût telle, sans permettre aucune interversion essentielle. Toujours est-il que les recherches nouvelles ont fait faire un grand pas à l'histoire, et ont montré sinon les événements qui s'étaient passés dans l'espace antéhistorique, du moins la nature des œuvres matérielles et intellectuelles qui s'y étaient accomplies.

Les occupations de l'ère primitive étant de la sorte aperçues dans leur généralité, il est deux ordres d'explorations qui peuvent conduire à en reconnaître la succession graduelle et l'enchaînement régulier. Sans doute on ne saura jamais rien sur les événements alors que les hommes combattaient contre les mastodontes, ou que les peuplades guerroyaient contre les peuplades, ou que les races supérieures commençaient à envahir le sol et à exterminer ou à disperser devant soi les races inférieures : ils sont effacés à jamais de la mémoire ; mais si nous les connaissions, ils nous présenteraient un tableau très semblable à celui des guerres entre Mohicans et Hurons, et n'auraient d'intérêt qu'autant qu'ils serviraient à contrôler la marche progressive des races vers une civilisation meilleure. En lisant, par exemple, les débuts de l'histoire de France, on est saisi d'ennui et de dégoût au récit des luttes de ces princes mérovingiens, sortes de loups humains qui ne sont occupés que de guerres, de proies et de partages ; mais la véritable grandeur de cette histoire se révèle quand, écartant la monotonie apparente qui la recouvre, on cherche à voir comment les Germains se fondent parmi les Gallo-Romains, comment se transforment les institutions de l'empire, comment la féodalité commence, comment le pouvoir spirituel se dégage, comment les langues novo-latines sont en germe, comment en un mot l'ordre social nouveau sort des ruines de l'ancien. De même ici ce qu'il faut chercher, c'est par quels degrés l'homme primitif et dénué est parvenu, quand l'histoire entrevoit les premiers empires, à fonder de puissantes sociétés munies de toute sorte de ressources et de connaissances. Deux voies d'exploration sont, comme je l'ai dit, ouvertes : l'une est l'étude comparative des sociétés sauvages qui ont existé ou qui existent sur le globe, et leur classement méthodique ; l'autre est l'étude des monuments de l'antique industrie, les vestiges de l'antique existence que l'on exhume du sein de la terre. C'est une archéologie qui se recommande aux méditations de l'historien.

La hache en silex, contemporaine des mastodontes, est le témoin le plus ancien. Nous n'avons rien qui soit plus humble que cet essai d'industrie, ni qui remonte plus haut. Se développer d'un germe et passer de phase en phase est le propre de toute vie et de tout ce qui provient de la vie. C'est ainsi que les sociétés, devenues la transformation héréditaire de la vie individuelle, sont assujetties à la loi de développement suivant les conditions de l'existence qui leur est propre. Le génie humain peut se vanter, comme d'une de ses plus belles découvertes, d'avoir déterminé, sur une durée connue qui ne dépasse guère quatre mille ans, la marche du phénomène et la direction du mouvement. L'astronome, sur un bout de courbe qu'il observe, calcule l'orbite entière d'un astre. C'est, on peut le dire, sur un bout seulement de la série que non pas la courbe (nous ne sommes plus ici en astronomie), mais l'évolution, malgré toutes les perturbations de lieux, d'événements et de races, a été entrevue. Aussitôt une lumière s'est projetée sur le passé ; une lumière plus indécise, mais réelle pourtant, s'est projetée sur l'avenir. Quand les races humaines ont débuté sur la terre, il était incertain si l'empire devait leur en appartenir ; quand elles ont combattu entre elles pour le sol, pour les eaux, pour la conquête, il était incertain qu'il dût jamais sortir de là que des sociétés partielles, cantonnées et ennemies. Aujourd'hui la terre est conquise, et l'humanité absorbe peu à peu les sociétés partielles et les entraîne vers un but commun.